科学家们曾一直以为有些哺乳动物不会游泳，比如骆驼、长颈鹿、大象和猪。后来，他们才发现，几乎所有的哺乳动物都会游泳，甚至蝙蝠都会呢。

有的舌鳎科鱼类，栖息在太平洋水下火山附近的热泉喷口区，可以耐受100℃以上的水温。

在全世界的海域里，大约藏有300万艘沉船，其中包括古代帆船、最早的航海探险船、海盗船、商业用船和海军舰艇等。海底才是一座名副其实的考古博物馆！深海环境缺少氧气和光照，而且还有厚厚的淤泥，这都有助于保护古代文物。低温低盐度的海水还对书籍和衣服有保护作用，即使经过数百年也仍然不会腐蚀。波罗的海的海水就是如此。

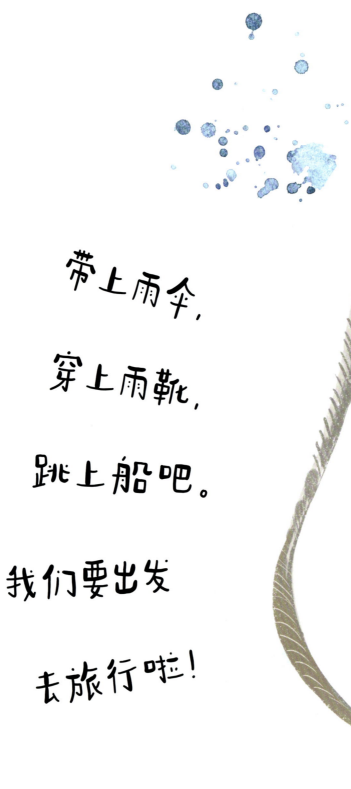

带上雨伞，

穿上雨靴，

跳上船吧。

我们要出发

去旅行啦！

水之旅

[俄] 奥尔加·法杰耶娃　著绘

周悟拿　沈建丽　译

CTS　湖南少年儿童出版社·长沙
HUNAN JUVENILE & CHILDREN'S PUBLISHING HOUSE

一滴水，
折射出整个世界。

数十亿年前，地球上开始有了生命。当时地球的表面几乎完全被海水覆盖，而最早的微生物正是萌生在海洋之中。然后，它们在大气层中大量繁殖。真菌生物最先离开海洋，来到陆地生存，动植物紧随其后。数十亿年的时光就这样流逝，人类终于诞生了。远古时代以来，人们每一天都要和水打交道。我们喝水、洗澡、刷牙、洗衣……离开了水，任何生物都无法生存，人类和动植物都是如此。如果水都不能被称为地球上最宝贵的资源，那什么才算呢？

让我们好奇的是，
恐龙是否也曾在远古的雨滴中
看到过自己的倒影呢？

地球上究竟有多少水？

把这两页想象成地球的表面吧，我们就可以看出其中有多大比例是陆地，又有多大比例是水面。地球上的水主要是海洋咸水，只有极少一部分是淡水，而且大多储存在冰川中和地下。世界上只有河流、湖泊、大气和土壤中的水可以被人类直接使用，占淡水总量比例非常小。

地球表面约71%被水覆盖。

地球上的淡水约占总水量的3%。

淡水中，人类可以直接使用的占比非常小。

世界上水资源储量居前三位的国家是巴西、俄罗斯、加拿大。

5

为什么会下雨呢？

在自然界中，水是唯一可以以三种形态存在的物质。水可以是固态、液态或是气态的，可以化身为冰和雪，也可以转变为云、雾和水蒸气。水总是变幻莫测，有时候仿佛一转眼就消失了，然后又会重新出现。那么，水究竟是如何变化的呢？

太阳的照射让海水升温，然后蒸发变成水蒸气。水蒸气升到空中与冷空气混合，冷却后又变回液态小水滴，雾和露水就是这样形成的。许多小水滴在空中聚集在一起，就变成了云。当云中水滴越聚越大，达到一定质量的时候，就会从空中掉落，这就是我们在地面看到的雨滴。如果温度很低，小水滴就会变成雪或冰雹。

云朵会被气流吹到很远很远的地方，因此，雨滴降落的地方与云朵原本生成的地点已经相距甚远。雨水能够滋养土壤，补充地下水，汇入小溪和河流，这样一来，水又会重新回到海洋的怀抱。这就是无休无止的水循环。

海水每年的蒸发量都和地面降雨量大致相同。正因如此，我们才总是有取之不尽的淡水。

云朵能把热量保留在地表，起到保温作用。

冰云外形像一朵朵羽毛、一片片雪花、一缕缕白色飘带,总是高高地飘浮在空中。冰云由冰晶组成,一般形成于高海拔地区。冰云中掉落的雨滴往往还没落到地面就已经蒸发了。

层云看上去像一层灰灰的雾,蒙住了整片天空。层云由水滴和冰晶组成,可能带来小雨或持续的降雨天气。

积云就像一团团白棉花,一般形成于夏季,而且不会带来降雨。

积雨云体积庞大,云层的垂直厚度高达几千米。我们通常称之为暴风雨云,因为随之会出现暴雨、雷阵雨甚至冰雹天气。

云朵只是看起来轻飘飘的而已,其实哪怕只是一朵小小的云也有几吨重呢,因为云朵是由许多小水滴聚集而成的。

人类、植物和动物都是水循环的参与者。

地下水

在我们的脚下，其实藏着一个巨大的蓄水池。这是很难想象的。

地下水就藏于地表之下。雨水、融化的雪水、附近的河流和湖泊都在不断补充着地下水，因此地底下的水位也会时有波动。

继续向下看，我们可以在两层隔水的黏土层之间找到承压水。承压水处于压力的作用之下，有时会经由泥土或岩石的裂缝涌出地表。自流井水就是这样形成的。土壤岩石就如同一个完美的天然过滤器，所以自流井水是最干净的。

地下水

地下水

地下水

9

有些河流发源于高山，
由融化的雪水和冰川水形成。

源头
就是河流的发源地。

有些河流
则由地下泉水涌出地表形成。

河流是怎么形成的呢？

大量的水沿着河床源源不断地流动，从水源处一直流到入海口，就形成了一条河流。

世界上到底有多少条河流？谁也数不清。仅在俄罗斯境内就有 200 多万条河流，其中有许多无名的涓涓小溪，也有叶尼塞河、鄂毕河、勒拿河和伏尔加河等大河。

亚马孙河和尼罗河一直在争夺"世界第一"的称号，尼罗河是世界上最长的河流，亚马孙河是世界上流域面积最广、水量最大的河流。世界上最深的河流是刚果河。

河床
是指河流（或泉水）流经的地表。

河口
是指河流注入更大的河流、湖泊或海洋的交界处。也有些河流没有河口，最终消失在沙漠中。

还有一些河流连通着湖泊和沼泽。

11

湖泊

如果有一片水完全被陆地包围着，而且不会流入海洋，那这就是我们所说的湖泊。湖泊盆地的形成方式有很多种，比如地壳运动、火山活动以及其他自然作用。

有些湖泊是由冰川融化形成的。

有些湖泊则形成于古老的河床上……

还有些湖泊是由于地壳运动才出现的。

基岩上的裂缝里……

甚至是休眠火山的火山口里。

贝加尔湖是世界上最深的湖泊，储存的淡水占到了地球上淡水总量的 20%。

里海是世界上最大的湖泊。（里海水域辽阔，在历史上一直被称为"海"。）

死海是世界上湖面海拔最低的湖泊。那里的水含盐量太高，只有藻类、细菌和真菌等微生物可以在那里的水中生存下来。

死海淹不死人，高浓度的盐水使人无法沉下去。

在加拿大和美国的交界处有五个湖泊，被称为五大湖。苏必利尔湖是世界上面积最大的淡水湖，也是五大湖之一。

加拿大被认为是世界上湖泊数量最多的国家，坐拥几百万个湖泊。

甚至连南极洲也有湖泊呢。这些湖泊被几千米厚的冰层覆盖着，其中最大的冰下湖泊是沃斯托克湖。

河流沿岸

自古以来，人类就喜欢傍水而居，因为这些区域水产丰富，供水充足，方便饮水、洗衣和灌溉。此外，河流也是交通运输的通道，这意味着人们可以沿河来到海边，还有可能和其他国家建立贸易往来，甚至是探索新大陆。

大海

在全世界相互汇通的大海大洋中，较小的那些水域被称为海。海总是被陆地和大洋包围着。

地球上有多少片海？科学家们对海的确切数量仍然没有达成共识。有人说大约有 60 片海，也有人说应该是 80 多片才对。有些水域虽然被称作海，但其实不过是面积较大的湖泊，比如里海和死海；还有一些海湾也被认为是海，比如墨西哥湾。

人们如何划分大海的边界？

主要依照的标准是海水盐度和其中的天然障碍，比如岛屿、海底山脊、裂谷，有时还包括洋流。

没有哪一条河流会从大海流向陆地，因为海平面总是低于地平面，而水又一直往低处流动。但有时我们也有可能看到河水逆流而动，这往往发生在涨潮期间，是从大海而来的海浪和强风在起作用。

每个人都有自己的个性，不同的大海也都有自身的特点。即使是两片相邻的海域，水温、深度、盐度、颜色、海浪的频率和大小也可能完全不同。以希腊的罗德岛为例，岛的一侧被风平浪静且温暖的地中海冲刷着，另一侧却被波涛汹涌又寒冷的爱琴海拍打着。

有时候，不同海域的海水会相遇，但由于水温和盐度存在差异，海水并不会混合在一起。地球上有好几个地方会出现这样的场景，比如地中海与爱琴海的交汇处，还有波罗的海与北海的交汇处。

世界大洋
地球上所有的大海大洋的总称。

海平面
全球平均海平面是测量高度和深度的基准面。

马尾藻海又被称为"海上坟墓"，因为许多船只都曾深陷海藻之中，无法逃脱。

马尾藻海是地球上唯一没有陆地边界的大海。马尾藻海的边界是四股洋流围出的。这些洋流共同形成了一个顺时针的循环系统，被称为北大西洋环流。也正因如此，马尾藻海的平均海平面比周围水域高出约一米。总会有垃圾和海藻被洋流带到这里，然后又逐渐滞留在这里，导致这片海域成了一个静止不动的巨大"岛屿"。

大洋

大洋是地球海洋的主体，填充了地球上每一块大陆之间的空隙。

大西洋

是世界第二大洋，也是含盐量最高的大洋。

太平洋

是世界上最大的大洋，已差不多占到全球海洋面积的一半。

海浪和洋流让大洋永动不息。

最大型的海浪往往出现在广阔的大洋之中，通常是先被风掀起来的：风力越强，吹得越久，海浪就越大。

风、水温、盐度、潮汐和地球自转都会对洋流产生影响。全球性的大洋环流，把大量的海水输往各地，也把海水混合起来，从而对全球气候造成影响。

18

印度洋

排名第三的大洋。

北冰洋

是最小最浅的大洋。

海啸

是一种巨浪，一般是
由海底地震引起的。

海浪席卷海岸的速度
堪比一架喷气式飞
机，然后形成30米
到50米高的巨浪，
再以极大的力量撞击
海岸，尽数摧毁沿途
一切。大多数海啸都
发生在太平洋海域。

墨西哥湾暖流

是大西洋北部最强劲、
最温暖的洋流。

墨西哥湾暖流起源于热
带地区，沿着北美洲南
部海岸一路向北移动，
流经大西洋，将温暖的
海水带到西欧和北欧海
岸。大量海水让空气升
温，因此墨西哥湾暖流附
近的沿海地区都有较为
温暖宜人的气候。

海水为什么是咸的？

湖泊中的水也可能是咸的。南极洲的唐璜湖和非洲的嘎特嘞池是世界上最咸的两个湖泊，含盐量均超过 400 克每升。

科学家们认为，是数百万年前的火山活动导致了海水变咸。火山爆发时会释放气体，气体溶于海水后与海底岩石发生反应，反应产物也溶在海水中，海水就变咸了。

现在，岩石中的盐分会被雨水冲走，然后又被河流带到海洋之中。太阳散发的热量将海里的水蒸发，而盐分则留了下来。而降雨量越大，流入大海的河流越多，海水则越会被淡水稀释。

红海是最咸的海。没有任何河流注入红海，而且那里天气炎热，海水蒸发速度很快，红海的每升海水中含有 41 克盐。波罗的海的含盐量是所有海洋中最低的，在其中的某些水域，每升海水中只含有 2 克盐。

平均每升海水中会含有 35 克钠盐。海水中不仅有水和钠盐，还含有许多其他物质的离子，比如镁、钙、钾等等。这就是海水与盐水味道不同的原因。

这是这本书里含盐度最高的一张图片了。如果你在水彩画中加盐，就也能制作出这么漂亮的纹路质感了。

海洋
为什么是蓝色的？

如果一位画家想要描绘出大海的美丽，就要用深浅不一的蓝色，比如湛蓝色、深蓝色、天蓝色、靛蓝色。海水本身是透明无色的，可是为什么大海看起来却是蓝色的呢？

青绿色

深蓝色

湛蓝色

我们看到的大海会呈现怎样的颜色？这和海的深度、水的透明度、天空的颜色和云的数量都有关系，但主要还是取决于海水如何吸收和反射光线。

太阳光涵盖了电磁波谱里的整个波长范围。红光波长较长，被海水吸收得更多，哪怕一个红色物体在水下仅几米深，看起来却会是灰色的。蓝光波长较短，也不太被海水吸收。因此，蓝光能够穿透到深水中，导致海水看起来是蓝色的。

由于藻类等微生物的存在，海水也可能呈现出绿色甚至红色。

天蓝色

靛蓝色

为什么河流不会像大海一样呈现蓝色呢？其实是因为水流把河底的沙子、黏土和淤泥都翻了起来，河水也就变成了黄色、红棕色或灰绿色。如果河流是从泥炭沼泽流出来的，看起来甚至还可能是深棕色或黑色呢。

被动的旅行者

当冰川裂开，会有巨大冰块落入海中，漂浮在海面上，然后形成冰山。

在北半球，大多数冰山都是从格陵兰岛漂浮而来；在南半球，冰山多来自南极洲。北半球的冰山体积较小，大多呈圆顶状；南半球的冰山侧面一般比较陡峭，顶部较为平坦。

有些冰山的面积很大，甚至堪比一个国家。这一类巨大的冰山可以在海洋中漂移十多年之久。

冰山的大部分都藏在水面之下，所以我们其实只能看到冰山的一角。

有些极地研究站
建在冰山上。

冰山会让周围的
空气冷却，形成
厚厚的海雾。

对于船只来说，漂浮的冰山是巨大的安全隐患，对雾中航行的船只更是如此。冰山经常会突如其来地出现在船首或船舷，就像一只邪恶的幽灵，专门搞破坏。

冰山也是四处流动的淡水储备。科学家们正在研究如何远距离运输冰山，冰山必然会在途中融化一部分，但剩余的部分也足够为一个小镇提供一整年所需的淡水啦。

泰坦尼克号沉没事件

1912 年，泰坦尼克号撞上冰山，而后沉没。这是当时世界上最大的邮轮。1500 多名乘客在这次事件中丧生。

彩虹之家
在哪里？

彩虹是一种光学现象。阳光照射在水滴上，经过折射便会形成一道彩虹。

太阳光看起来是白色透明的，但实际上却是由许多不同颜色、不同波长的光线组成。当阳光照射在空气中飘浮的水滴上，光线就会发生折射和反射作用。水滴越大，彩虹就越是明亮。我们也许会在雨后的天空中看到彩虹，在瀑布、喷泉或间歇泉的周围也可能发现彩虹的身影。

地球上的瀑布有许多不同类型：有的水流狭小却气势磅礴；有的由多条倾泻而下的水流组成，形成水帘悬挂的景象；还有的从悬崖上飞落，直泻而下。

伊瓜苏大瀑布 是世界上最宽的瀑布，位于阿根廷和巴西的交界处。

孔恩瀑布 是世界上最大的瀑布群，位于老挝，临近柬埔寨边境。

安赫尔瀑布 位于委内瑞拉，是世界上落差最大的瀑布。

瀑布

是指河流或溪水流经陡坡断崖时，凌空倾泻而下而形成的水流景象。

彩虹总是在和太阳相对的方向出现。

在冰岛，人们给房屋、温室和游泳池供暖都会用到温泉水。

间歇泉
是间断喷发的温泉，将泉水和水蒸气一阵阵地喷射到空中。

间歇泉一般分布在火山运动活跃地区。它们看起来像是一个个在沸腾冒泡的水坑，喷出的水汽可以高达数十米。

如果你想观赏间歇泉，可以前往俄罗斯堪察加半岛、冰岛或智利。美国的黄石国家公园拥有世界上数量最多的间歇泉。

25

水面之下

水中生活着形形色色的生物。海洋、河流和湖泊并不只是鱼类的居所，还住着哺乳动物、爬行动物、软体动物、甲壳类动物、腔肠动物等等。水生生物种类繁多，仅鱼类就有 3 万多种，科学家每年都会发现新物种。

鱼类

哺乳动物：海豚、鲸鱼、海豹、海象等。

软体动物：章鱼、鱿鱼、贻贝等。

大多数海洋生物生活在海洋最上层，这里也被称为日光区。即使在最清澈的海水中，日光区最多也只能往下延伸到距离水面 200 米的地方。更深处的海水就没法被光线照射到了，深海又黑又冷，氧气很少，水压巨大。

有些深海生物可以发光，以此来引诱猎物或吓跑天敌。

爬行动物：海龟、海蛇等。

水生生物中最微小的成员被称为浮游生物，包括细菌、藻类、原生动物、幼虫、小型甲壳类动物、鱼卵和幼鱼。浮游生物是许多海洋动物的重要食物来源，就连鲸鱼这种地球上最大的动物也要以之果腹。

甲壳类动物：草虾、螃蟹、大大小小的龙虾等。

腔肠动物：水母、珊瑚虫等。

棘皮动物：海胆、海星等。

海绵动物

珊瑚千姿百态，有的像一棵棵五彩斑斓的树，有的像一朵朵奇形怪状的花，但是珊瑚并不是植物，而是由无脊椎动物珊瑚虫聚集而成。

水面之上

还有一些"靠水为生"的水上"居民"，一旦离开河流、湖泊和海洋就会寸步难行。我们说的其实就是船啦。船只的类型多种多样，包括集装箱船、渔船、拖船、游轮、军舰、游艇等。

集装箱船

渔船

拖船

游轮

军舰

游艇

缺水会怎样？

地球上有些地方缺水严重，比如沙漠。在阿塔卡马沙漠的一些地区，每十年或更久才下一场雨。

沙漠的确很干燥，但地球上最干燥的地方是南极洲的麦克默多干谷。在过去的几百万年里，这里没有下过一滴雨，也没有飘过一片雪花。

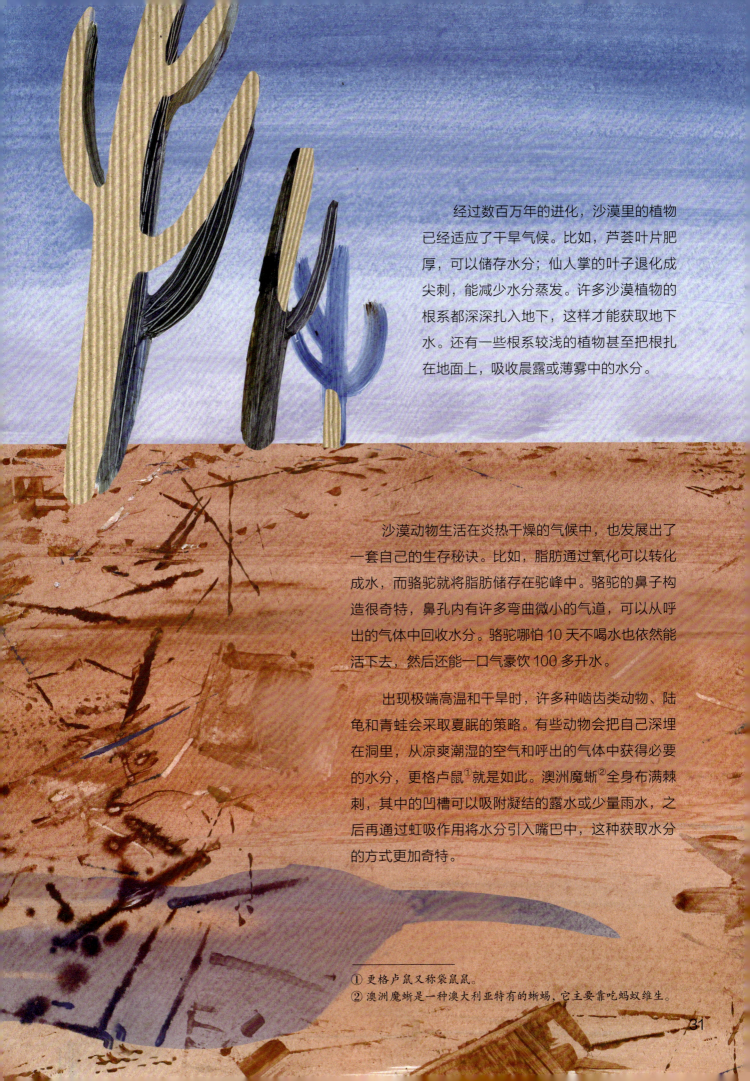

经过数百万年的进化，沙漠里的植物已经适应了干旱气候。比如，芦荟叶片肥厚，可以储存水分；仙人掌的叶子退化成尖刺，能减少水分蒸发。许多沙漠植物的根系都深深扎入地下，这样才能获取地下水。还有一些根系较浅的植物甚至把根扎在地面上，吸收晨露或薄雾中的水分。

沙漠动物生活在炎热干燥的气候中，也发展出了一套自己的生存秘诀。比如，脂肪通过氧化可以转化成水，而骆驼就将脂肪储存在驼峰中。骆驼的鼻子构造很奇特，鼻孔内有许多弯曲微小的气道，可以从呼出的气体中回收水分。骆驼哪怕 10 天不喝水也依然能活下去，然后还能一口气豪饮 100 多升水。

出现极端高温和干旱时，许多种啮齿类动物、陆龟和青蛙会采取夏眠的策略。有些动物会把自己深埋在洞里，从凉爽潮湿的空气和呼出的气体中获得必要的水分，更格卢鼠①就是如此。澳洲魔蜥②全身布满棘刺，其中的凹槽可以吸附凝结的露水或少量雨水，之后再通过虹吸作用将水分引入嘴巴中，这种获取水分的方式更加奇特。

① 更格卢鼠又称袋鼠鼠。
② 澳洲魔蜥是一种澳大利亚特有的蜥蜴，它主要靠吃蚂蚁维生。

洪水

　　在地球上，有些地区严重缺水，有些地区的水量却又过于充足。当河水、湖水或是海水泛滥，会淹没田地、村庄甚至整个城市。当北方温度升高冰雪迅速融化，在冻土的阻隔之下，融化的雪水又无法渗入地下，冰塞也会阻挡河水的流动，这样往往就会形成春季洪水。夏秋两季的洪水则主要是由强降雨引起的。有时，海啸也是洪水的成因，汹涌的海水会冲走汽车，摧毁建筑物、桥梁、道路和供水系统等。

水 的 能 量

水能和太阳能、风能一样，都是可再生能源。

"水滴石穿"是一个广为流传的成语。很显然，很久之前的人们就已经注意到了水的无穷力量。在流水的侵蚀和搬运作用下，较高地区的泥土和岩石逐渐消失，这样就形成了平原。水还能从重峦叠嶂中穿行而过，形成河流，磨损石头……早在古罗马时期，人们已经开始对水的能量加以利用，他们用水车把谷物磨成面粉。后来的水力机械还被用于切割大理石和木材，还可以制造纸张、皮革和毛料。19世纪末，世界上出现了第一批水力发电厂，水落下时产生的动能得以转化为电能。

20 世纪下半叶，人们学会了利用潮汐能，也开始在海滨建设潮汐发电厂。可是，潮汐究竟是怎么来的呢？潮汐是海水的一种周期性涨落现象，它的成因与月球和太阳对地球的引力有关。其中，月球比太阳离地球更近，月球对潮汐的影响更大。地球自转时，月球的引力便会作用于地球的不同地方，从而产生引潮力。引潮力使海水在离月球最近的一侧暴涨，这些海水高高涨起，就会形成高潮，而与之相反的情况就是低潮。

在地球的大部分海岸线上，人们每天能观测到两次高潮和两次低潮。

水电站通常建在可流上，人们会建起水坝来阻挡水流。

在那些几乎完全被陆地包围的海洋上，潮汐的活动范围也很小，我们甚至可能注意不到那些潮汐变化，黑海就是如此。

城市用水

　　我们在公寓、商店、咖啡馆或办公室里都能看到水龙头。人们洗澡、做饭、洗衣服都要用水，每天的人均生活用水量大约是 200 升。人们生产出的每一件物品也都需要用水，从源头算起，制作一条牛仔裤大约需要 8000 升水，生产 1 千克小麦约需 1000 升水。

生活在干旱地区的人们主要依靠贮存雨水、淡化海水来保障生活用水。

咖啡

但有时人们也会浪费水。一个水龙头每分钟大约能流出 10 升水。试想一下，如果我们能在刷牙时关上水龙头，确保不会滴水，并且定期检查水管是否正常，这样可以节省多少水呢？这样不仅能节约水，也节省了水泵抽水所消耗的电能；同时降低了流入污水处理厂的污水量，还减少了用来处理污水的电能。

世界上有近四分之一的人口都在有意识地节约每一滴水，尤其是淡水和饮用水。世界上最缺水的地区位于印度半岛、非洲和中东地区。

生产制作一杯咖啡需要多少水？（在这本书的最后你可以找到答案。）

茶壶里的水
是从哪里来的呢？

茶壶！茶壶里的水从哪里来？水龙头。水龙头里的水从哪里来？水管。水管里的水从哪里来？

水龙头里流出的水被称为自来水，大多来自河流和湖泊。但是这些水需要先被送到自来水厂进行处理和消毒。

首先要过滤掉水里的垃圾、藻类和小鱼，然后用装有沙子和木炭的过滤器来清理掉杂质，之后再用消毒剂、臭氧或紫外线进行消毒。

有些地区没有集中供水系统，只能从井里抽出水来使用。

最后，水被泵入管道，一路送入我们居住的公寓里。哪怕是那些最高建筑的顶层，自来水也可以到达。

那些用过的自来水会被排入下水道，然后送进废水处理厂。这些水要经过一系列处理，确保在流入当地水域后不会造成污染和危害。

在俄罗斯的圣彼得堡市，人们不仅采用专门设备来监测饮用水质量，还为此配备了一支专门的小龙虾特工队。众所周知，小龙虾对环境污染非常敏感。如果水中有毒素，小龙虾的心率就会上升。因此，科学家会记录这些小龙虾的心脏活动，以此来监测水质。

古代的人们
如何取水？

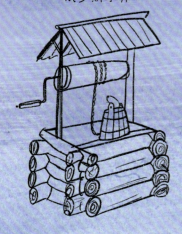

俄罗斯水井

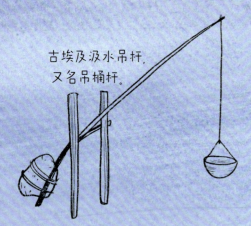

古埃及汲水吊杆，
又名吊桶杆。

如果附近没有河流、小溪或泉水，我们从哪里取水呢？如果在地下挖出一个深深的洞，就会发现里面充满了地下水。人们在很久以前就发现了这一点，第一口水井也正是这样出现的。水井四周还会有石头或木头围成的内墙，防止水井坍塌。

不过，建立起供水系统当然比水井更方便，这是人类历史上伟大的发明之一。

公元前 4000 年左右，人类历史上最早的简单供水系统出现在美索不达米亚（这是西亚一个历史悠久的地区），后来还出现了最早的地下排水系统。

古罗马的引水系统被称为渡槽，是一项了不起的成就。泉水和河水通过渡槽被输送到城市，为市内无数澡堂、厕所、城市喷泉、私人住宅和花园供水。渡槽的管道是用石头、黏土、混凝土和铅制成的，通常放置在斜坡上，这样水就可以从水源一路向下，流到目的地。大多数时候，管道都被藏在地下，但如果途中需要穿过峡谷、深谷或河流，古罗马人就会建造拱桥。

到了中世纪，古罗马的这些成就很大程度上都已被世人遗忘。在中世纪的欧洲城市里，人们从水井和河流中取水，还把排泄物倒在街上，污染了地下水和水源。过了很久，人们才发现当时肆虐的流行病其实与饮用水存在关联。直到 19 世纪下半叶，欧洲人才开始建造供水和污水处理的集中系统。

12 世纪，人们在大诺夫哥罗德①的大公爵庄园里建起了俄罗斯最早的供水系统。15 世纪，莫斯科的克里姆林宫也有了供水系统。19 世纪初又建成了梅季希供水系统，这是俄罗斯最早的城市供水系统，不仅为沙皇宫殿供水，也为莫斯科的普通居民服务。

---

① 大诺夫哥罗德位于沃尔霍夫河注入伊尔门湖的地方，是俄罗斯较古老的城市之一，始建于 859 年。

有一条公元前建造的古罗马渡槽直到今天仍在使用。意大利罗马的特雷维喷泉的水就是这条渡槽引来的。

人体内外的水

人体大约三分之二都由水组成。

年轻人的体内水分比例更高，人体内的水分含量会随着年龄增长而减少。

水将营养物质输送到各个细胞，同时清除细胞中的废物。水还可以调节体温。

如果人体严重缺水，生命可能只能维持几天。

平均而言，我们的身高每增加1厘米，每日所需水分就会多10毫升。

当我们感到疲倦、犯困或头痛时，可能是因为身体缺水，这种现象就是脱水。

天气炎热时或体育锻炼后，我们都要增加饮水量。

水不仅是组成人体体液的最重要成分之一，也是保障个人卫生的生活必需品。但这样的情况并非一直如此。比如，中世纪的欧洲人就不怎么洗澡。因为没有供水系统，洗澡这项任务艰难又费事。不仅如此，那时的欧洲人还认为洗澡是性格软弱的象征。17世纪至18世纪的欧洲人更是全都不想洗澡了，因为当时的医生认为，洗澡导致毛孔扩张，病菌会进入人体从而引发感染。

游泳在那时也不是一项受欢迎的运动。大多数人都不会游泳，因而经常发生溺水事件。在16世纪，英国政府甚至通过了相关法律来保证人们的安全。

俄罗斯人喜欢洗澡和游泳，还经常去蒸汽浴（banya）。

"蒸汽浴"一词来自希腊语"balaneion"，原意是温泉浴室。根据希腊牧师的说法，温泉浴室既能清洁身体，还有一定的治愈疗效。

神与英雄

在古代，人们认为大自然的一切都在神明的掌控之下，所有的海洋、河流和湖泊莫不如此。人们向神献祭礼物，祈求神的庇佑。农民向神祈求风调雨顺，希望得到丰收的好年景。水手们向神祈求旅途之中风平浪静，航行之后满载而归。如果人们触怒了神明，那就会受到风暴或洪水的惩罚，甚至被卷入深深的水底。

波塞冬
古希腊神话中的海神。

特拉洛克
阿兹特克神话中的水神。

罔象女神
日本神话中的水神。

索贝克
古埃及神话中掌管尼罗河的神。

共工
中国神话中的水神。

深海潜水十分不易，处处存在危险。因为存在缺氧、低温、水压过高、能见度较低等困难，只有英勇的潜水员才能在这种恶劣的情况下奋力工作。

神秘的深海吸引了无数勇者。他们既不怕惹怒神明，对从未有人探索过的深海也并无恐惧。比如，那些大胆的采珠人就会潜入水底收集珍贵的贝壳。他们进行潜水时，只能靠自己的力量和耐力。但人们很快就发明了辅助潜水的工具。古希腊哲学家亚里士多德在其著作中提到过潜水钟的原型，那是一种倒置的容器，人们可以借此设备下潜到海底。后来，人们开始用这样的潜水钟来打捞沉没的珍宝或修理船只。再后来，还有一些与潜水相关的发明问世，比如潜水服、水肺和潜水器。因此，人们现在已经可以探索无边无垠的水下世界啦。

在地球上，最大的未知之地就是海洋。

水肺

这是一种自给式水下呼吸装置，佩戴后可抵达水下 40 米的深处。

深潜器

20 世纪中叶，人们造出了一种用于探测深海的深潜器，终于得以首次探索地球上已知的最深的地方——太平洋的马里亚纳海沟，那里约有 11000 米深呢！

保护水资源

虽然地球上水量巨大，但人类活动也给水资源带来了一系列破坏。比如，当石油在开采和运输过程中发生泄漏，当人们在河流和湖泊中非法倾倒废物、过度使用化肥，当未经处理的污水被排放到海洋中，当塑料造成污染，这些都会破坏水资源。

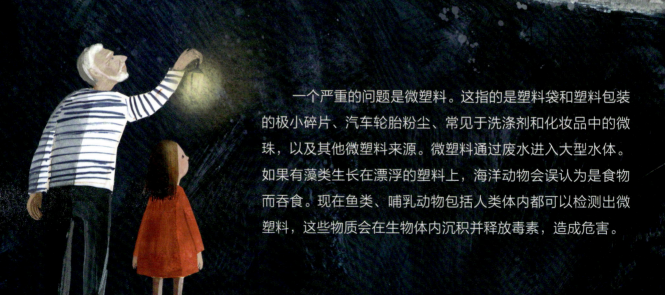

一个严重的问题是微塑料。这指的是塑料袋和塑料包装的极小碎片、汽车轮胎粉尘、常见于洗涤剂和化妆品中的微珠，以及其他微塑料来源。微塑料通过废水进入大型水体。如果有藻类生长在漂浮的塑料上，海洋动物会误认为是食物而吞食。现在鱼类、哺乳动物包括人类体内都可以检测出微塑料，这些物质会在生物体内沉积并释放毒素，造成危害。

我们能做些什么来保护自然和人类自己呢？

- 尽可能不要使用一次性包装。

- 多多回收，循环使用。

- 只买自己真正需要的东西，多购买能够长期使用的物品。

- 使用环保型清洁剂。

甚至，洁净优质的饮用水中都曾发现过微塑料，全世界各地都是如此。

图书在版编目（CIP）数据

水之旅 /（俄罗斯）奥尔加·法杰耶娃著绘；周悟拿，沈建丽译 . —长沙：湖南少年儿童出版社，2024.9

ISBN 978-7-5562-7647-9

Ⅰ . ①水… Ⅱ . ①奥… ②周… ③沈… Ⅲ . ①水资源—少儿读物 Ⅳ . ① TV211-49

中国国家版本馆 CIP 数据核字（2024）第 100524 号

水 之 旅

SHUI ZHI LÜ

出 版 人：刘星保
总 策 划：周 霞
策 划 编 辑：吴 蓓
责 任 编 辑：钟小艳
装 帧 设 计：雅意文化
营 销 编 辑：罗钢军
质 量 总 监：阳 梅
出版发行：湖南少年儿童出版社
地 址：湖南省长沙市晚报大道 89 号
邮 编：410016
电 话：0731-82196340
常年法律顾问：湖南崇民律师事务所 柳成柱律师
印 刷：长沙新湘诚印刷有限公司
开 本：880 mm×1230 mm 1/16
印 张：3.5
版 次：2024 年 9 月第 1 版
印 次：2024 年 9 月第 1 次印刷
书 号：ISBN 978-7-5562-7647-9
定 价：49.80 元

在给这本书绘制插画的过程中,

绘者尽情泼洒色彩,

大胆滴落色彩,

用水来稀释丙烯酸颜料。

为了创作这本书,

绘者大约用完了 10 升水。

法罗群岛的冬季温度差不多能一直保持在 0°C 以上，但在位于大致相同纬度的奥伊米亚康，冬季平均气温却达到零下45°C 左右。环绕法罗群岛的墨西哥湾暖流造成了这种差异。

植物通过根部从土壤中吸收水分，然后用叶片把大部分水分以水蒸气形式释放到空气中。例如，如果天气炎热，一棵桦树每天会蒸发多达 400 升水。

生产制作一杯咖啡约需要 140 升水。

140

夏威夷有过单次降雨持续了247 天的记录。

世界不同地区的冰其实有着不同的温度，其中最冷的位于南极洲。